AF252528

DE L'HYGIÈNE

ET DE

LA SALUBRITÉ PUBLIQUES

A PROPOS

DE L'USINE A GAZ DE MOREZ,

ET DES DROITS DES TIERS.

« La loi doit être comme la mort, qui
» n'épargne personne. » (MONTESQUIEU).

« C'est une plaisante chose à considérer de
« ce qu'il y a des gens dans le monde qui,
« ayant renoncé à toutes les lois de Dieu et de
« la Nature, s'en sont fait eux-mêmes, aux-
« quelles ils obéissent exactement, comme,
« par exemple, les voleurs, etc. » (PASCAL).

DOLE,

IMPRIMERIE DE L.-A. PILLOT.

—

1866.

DE L'HYGIÈNE

ET DE

LA SALUBRITÉ PUBLIQUES

A PROPOS

DE L'USINE A GAZ DE MOREZ,

ET DES DROITS DES TIERS.

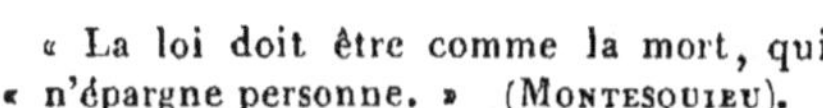

> « La loi doit être comme la mort, qui
> « n'épargne personne. » (MONTESQUIEU).

> « C'est une plaisante chose à considérer de
> « ce qu'il y a des gens dans le monde qui,
> « ayant renoncé à toutes les lois de Dieu et de
> « la Nature, s'en sont fait eux-mêmes, aux-
> « quelles ils obéissent exactement, comme,
> « par exemple, les voleurs, etc. » (PASCAL).

CHAPITRE IER.

Hygiène. — Salubrité — Définition.

Dans l'hypothèse, un préambule est inutile pour un opus-
cule spécial à une localité exclusivement industrielle ; il faut
donc entrer immédiatement en matière.

Qui dit SALUBRITÉ dit SANTÉ PUBLIQUE.

Aussi, dès l'époque la plus reculée, voit-on le législateur
s'inquiéter sérieusement de cette question et apporter, dans le
contingent des lois et réglements, toutes les prescriptions que
la santé publique commandait. C'est ainsi (Voir Ad. Tré-
buchet, encyclopédie théorique et pratique), que Valentinien,
sous la domination romaine, malgré le manque de réglemen-
tation, passant ses quartiers d'hiver à Paris (365 à 369), dé-

fendit « de jeter des ordures dans la rivière, d'y abreuver et
« laver les chevaux ; les abreuvoirs étaient placés au-dessous et
« à une certaine distance du camp, afin de ménager la santé
« des personnes qui puisaient dans le fleuve les eaux néces-
« saires à leur besoin. »

A son début, la monarchie française fut indifférente à l'hygiène et à la salubrité ; c'est en 630 seulement, qu'on voit un des
capitulaires de Dagobert défendre, sous peines édictées, « de
« faire ouvrages quelconques pouvant salir ou corrompre les
« eaux d'une fontaine, d'embarrasser la voie publique par
« immondices ou autres matières, etc. »

Jusqu'en 987, où Huges-Capet s'empara de leur pouvoir, les
magistrats, nommés *Ducs de France* ou *Ducs des Ducs*, furent
spécialement chargés, outre leurs importantes et générales
fonctions, de la salubrité publique ; de plus, « ils devaient
« donner bon exemple par la sagesse de leur conduite et de
« celle de toutes les personnes qui composaient leur famille,
« ne recevoir aucun présent, être eux-mêmes irréprochables
« et d'une réputation si bien établie, que chacun les reconnût
« dignes d'un si grand emploi, qui les rendait participants de
« l'autorité royale et les protecteurs du peuple ; ils devaient
« rendre la justice avec tant d'intégrité, que ni les parents, de
« qui que ce fût, ni la considération, l'amitié, la haine ou la
« crainte des personnes ne les pussent jamais détourner de
« leur devoir. »

Rien de bien saillant jusqu'à l'époque de la création du
Prévôt des Marchands (13me siècle), qui, avec le *Prévôt de Paris*,
concourait à la police de la capitale. Les ordonnances du
Prévôt de Paris étaient obligatoires pour la France entière, et,
nombreuses elles sont, pour assurer la salubrité publique ; il
est même plusieurs de leurs dispositions qui ont servi de base
à nos réglements actuels. A cette époque de guerres sanglantes,
de discussions politiques, de misères de tout genre, le magistrat ne négligeait ni l'hygiène, ni la salubrité, ni l'économie
sociale ; les monuments de notre histoire sont dignes d'admi-
ration. (Voir les ord. de 1291, février 1348, 11 juillet 1371,
10 juillet 1392, 9 août 1395, 1er novembre 1539).

La transformation des institutions s'opérant, on arrive à la
création de la *Préfecture de police en 1800 ;* encore aujour-
d'hui, elle existe telle, et est spécialement chargée de la salubrité de Paris, qui est, ce qui intéresse le plus les populations,
surtout la classe ouvrière, « qui ne peut, comme les classes
« aisées, se passer, à cet égard, d'une autorité tutélaire et

« protectrice. » Aussi, les lois constitutives du pouvoir municipal ont-elles placé, en première ligne, cette partie importante de leurs attributions.

La loi du 19-22 juillet 1791 oblige le pouvoir municipal à faire jouir les habitants des avantages d'une bonne police, *notamment de la propreté, de la salubrité, etc.*

Le décret du 15 octobre 1810 et l'ordonnance du 14 janvier 1815 réglent les conditions à imposer aux *établissements insalubres, dangereux ou incommodes.* Trois classifications sont indiquées :

La première comprend les établissements à éloigner des habitations, par suite de la mauvaise odeur, des émanations délétères produites par les matières travaillées ou obtenues, et le manque de sécurité publique;

La deuxième classe est déterminée par l'incommodité et les dommages qui seraient occasionnés aux voisins;

La troisième classe parle des établissements seulement incommodes.

D'autres lois, décrets, ordonnances et réglements, notamment ceux des 10 septembre 1823, 27 janvier 1846, 25 mars 1852 et 17 mai 1865 se sont produits en raison de l'extension de l'industrie et de besoins toujours plus nombreux à satisfaire; mais jamais, à part quelques tolérances peu importantes ou dues au favoritisme, ou à l'art plus ou moins étudié de fermer les yeux, les conditions hygièniques et salubres n'ont pu être sacrifiées, elles sont restées sérieuses et indispensables. Hommage donc soit rendu à tous ceux qui les ont revendiquées. Ecoutons les avis suivants :

J. Béhier, professeur agrégé à la Faculté de Paris, dit, parlant du médecin : « A l'aide de procédés chimiques il étudie
« les différentes asphyxies, décompose la vapeur du charbon,
« constate la présence des gaz impropres à la respiration,
« comme l'azote, l'oxyde de carbone ou *celui du gaz,* qui,
« comme *l'acide carbonique,* ne sont plus seulement *insuffi-*
« *sants à entretenir la vie, mais la détruisent par un véritable*
« *empoisonnement.* »

« L'air, dit A. Le Pileur, est de toutes choses la plus im-
« médiatement nécessaire à l'homme, et le rôle important qu'il
« joue dans l'entretien de la vie explique assez comment, par
« ses modifications et dans certaines conditions, il détermine
« la plupart des maladies. »

« Le premier précepte de l'hygiène privée, c'est donc de
« choisir pour séjour un lieu où l'air soit pur; *le premier*

« *devoir des hommes chargés de faire respecter l'hygiène pu-*
« *blique,* c'est d'écarter avec soin les causes par lesquelles
« la pureté de l'air peut être altérée. »

Finalement, tout ce qui vicie l'air, tout ce qui nuit au développement et à la puissance de la végétation, ce qui obstrue,
par les immondices, les cours d'eau, le manque ou la mauvaise
organisation des fosses d'aisances, la malpropreté des places,
rues et cours, les tueries et abattoirs laissés essentiellement
à l'imprévoyance, à la saleté et toutes choses similaires, sont
radicalement les ennemis directs de la santé publique et privée, car les contagions, les épidémies, enfants effrayants
d'une atmosphère viciée, ont peu de préférence dans l'exercice
de leurs terribles fonctions.

C'est pourquoi les divers Comités de salubrité, celui de
Paris surtout, ont signalé les abus, le mal, et indiqué les re-
mèdes :

Air pur facilement renouvelable dans l'habitation ;

Abri contre le froid et l'humidité ;

Nourriture saine, à prendre en qualité pour éviter la quantité ;

Travail raisonné d'intelligence et de force ;

Moralité dans toutes les opérations de la vie ;

Ni abus, ni excès, de quelque nature que ce soit ;

Disparition de toutes les causes d'émanations putrides ;

Déplacement de l'intérieur des villes, des cimetières et abattoirs ou tueries ;

Conservation des plantations pour maintenir l'heureuse in-
fluence des masses de verdure sur la pureté de l'air dans les
localités où la population est agglomérée.

Telles sont, avec d'autres complémentaires, les lois de
l'hygiène et de la salubrité publiques.

CHAPITRE II.

Gaz d'éclairage. — Sa nature. — Ses propriétés.

Lebon, du Havre, ingénieur français, est le premier qui
ait eu l'idée de l'éclairage au gaz ; dès 1785 il proposa d'en
tirer parti, en complétant son idée par l'application d'un *ther-
molampe,* utilisable dans chaque ménage ; cet appareil, fort
ingénieux, devait, par la distillation du bois en vase clos, donner les résultats suivants :

1° Charbon de bois, résidu de la distillation ;

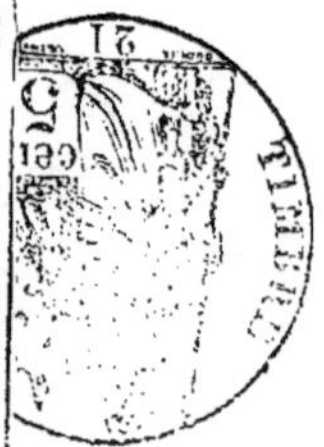

2° Chaleur dirigée dans les appartements par un calorifère;

3° Vinaigre et goudron provenant de la condensation de la fumée;

4° Enfin, gaz hydrogène pour l'éclairage des appartements.

Inventée en France, cette brillante découverte fut, ainsi que tant d'autres, appliquée en Angleterre. Dès 1798, l'ingénieur anglais Murdoch était parvenu à éclairer au gaz la fonderie de Soho, près de Birmingham.

Importé en France par l'anglais Winsor, l'éclairage au gaz, après beaucoup d'indifférence, parvint à vaincre les résistances, lorsqu'il eut éclairé, en 1817, le passage des Panoramas. On sait les progrès que cette application a faits, tout le monde les connaît; on applique cette invention du célèbre Lebon, dont les propriétés lumineuses sont incontestables.

Le gaz, composé en majeure partie d'hydrogène bicarbonné, dont la densité est des six dixièmes de l'air, s'obtient, en distillant de la houille dans des cornues généralement en fonte. Le meilleur charbon bitumineux peut en donner 320 litres par kilogramme, le plus mauvais du nord de la France 210 seulement. Chargées de houille, les cornues sont chauffées sans interruption à la houille mêlée de coke. Chaque cornue porte un tampon en fonte, qui s'enlève de temps en temps (après avoir fermé le robinet du gazomètre), pour retirer les résidus de la distillation, qui consistent en coke, et y introduire une nouvelle quantité de houille. Avant d'arriver au récipient ou gazomètre, le gaz parcourt diverses capacités, où il s'épure. En lavant le gaz et en le faisant passer à travers du foin ou de la paille imbibé d'un lait de chaux, on le débarrasse du bitume et d'une partie des gaz nuisibles, à l'exception de l'azote.

Dans tous les charbons il existe de l'eau, ainsi que des matières sulfureuses et animales, d'où résulte, à la distillation, de l'acide carbonique, de l'azote, de l'hydrogène sulfuré et du sulphydrate d'ammoniaque, substances qui tendent toutes à diminuer le pouvoir éclairant du gaz.

Le gaz, malgré l'épuration la plus complète, dit Léon Lalanne, ingénieur en chef des ponts-et-chaussées « conserve « toujours quelques matières sulfureuses et pyrogénées qui lui « donnent l'odeur infecte qui le caractérise et lui font altérer « la couleur de certaines étoffes, ternir les métaux, les pein- « tures et même les dorures, pour peu qu'elles contiennent « de l'argent : *c'est un corps nuisible à plus d'un titre.* Par son « mélange à l'air, *il peut asphyxier* ou déterminer des ex-

« plusions; *il étend son pouvoir délétère tout autour de lui, en*
« *faisant périr la végétation aux environs des usines, et même*
« *les arbres dont les racines sont près des tuyaux de conduite,*
« *lorsque des fuites viennent à se déclarer.* »

Ignore-t-on que les eaux potables sont détériorées à plusieurs
centaines de mètres de distance, lorsque les eaux ammoniacales
des usines à gaz ont des infiltrations pouvant s'y mélanger?

Aux autorités scientifiques citées, nous pourrions en ajouter
bon nombre d'autres, mais il en a été assez dit pour démontrer
la justesse des réclamations dont il va être parlé.

CHAPITRE III.

Droit civil.

L'article 1382 du Code Napoléon est ainsi conçu :
« Tout fait quelconque de l'homme, qui cause à autrui un
« dommage, oblige celui par la faute duquel il est arrivé, à le
« réparer. »
L'article suivant, 1383, ajoute :
« Chacun est responsable du dommage qu'il a causé, non
« seulement par son fait, mais encore par sa négligence ou
« par son imprudence. »
Ces deux articles, non sujets à interprétations, consacrent
suffisamment le droit de la partie lésée, et pas plus l'autorité
civile que l'autorité administrative, ne saurait y déroger, sans
le consentement des intéressés ou sans l'expropriation sous les
conditions obligatoires pour cause d'utilité publique. Dans l'es-
pèce, le droit reste donc intact.

CHAPITRE IV:

Devoir administratif. — Droit des tiers.

L'administration municipale a, pour premier devoir, de
protéger les habitants de la commune et de veiller, notamment
à ce qu'aucune création de fabrique ou d'usine compromettant
la sécurité et la salubrité n'ait lieu sans avoir, au préalable,
pris toutes les mesures devant sauvegarder la santé publique;
cela est d'autant plus nécessaire dans la localité, que, res-
serrée profondément entre deux chaînes de montagnes, l'air
pur y manque et que la lumière y fait défaut. Ainsi, les enquêtes

de *commodo et incommodo* seront annoncées avec la plus grande publicité, si, surtout, il s'agit d'établissement compris dans la première et la deuxième classes de l'ordonnance de 1815, on aura beaucoup d'égards et on appréciera *très-sérieusement* les observations et les oppositions formulées, puis, préliminairement, la salubrité étant en cause, on se sera renseigné sur toutes les conditions qu'elle exige.

Par ce qui précède et par ce qui va suivre, il sera aisément démontré que ces précautions indispensables n'ont pas été prises pour la création de l'usine à gaz de Morez. Est-ce pour cela que, dans son arrêté d'autorisation, M. le Préfet du Jura réserve expressément les droits des tiers?

Le 9 mai 1866, après l'enquête de *commodo et incommodo.*, et les réclamations suscitées pour l'établissement de l'usine à gaz, le Conseil municipal de la ville de Morez, a pris à « *l'unanimité des membres présents* » une délibération aussi remarquable au fond que dans la forme. En voici textuellement la teneur :

« Considérant que les réclamations des sieurs P. F. L. R.
« M. T. B. et H., n'allèguent d'autres motifs que le trop grand
« rapprochement de l'usine à gaz de leurs maisons d'habitation
« qui perdraient de leur valeur par suite de ce voisinage, crainte
« qu'on peut facilement admettre comme exagérée, sinon ima-
« ginaire, attendu que toutes ces maisons qui n'auront pas
« même de vue sur l'usine projetée, en sont éloignées de plus
« de 150 mètres ;

« Considérant que M. L. J. a retiré sa réclamation produite
« lors de l'enquête, ensuite d'explications données sur l'em-
« placement de l'usine à gaz qui sera placée selon le vœu ex-
« primé par le réclamant;

« Considérant que les réclamations des sieurs L. D. et J.
« G...., qui ont trait en partie au rejet de l'emplacement choisi
« pour l'usine à gaz par des motifs qui sont loin d'être fondés,
« peuvent être taxées d'exagération et d'inexactitude, pour ne
« rien dire de plus ;

« Considérant que la protestation du sieur Odobey, bien
« qu'elle semble de prime abord avoir sa raison d'être, n'en
« est pas moins sans caractère sérieux, attendu que la distance
« de 54 mètres qui sépare sa maison de l'usine à gaz projetée,
« est assez grande pour qu'il ne puisse être exposé à ressentir
« d'émanations insalubres, *si émanations il y a,* s'échappant
« de l'usine à gaz, *qui, par leur nature tendraient à monter*
« *et à se développer dans la direction opposée à sa propriété,*

« à laquelle le réclamant, en apparence si scrupuleux , n'a
« pas craint de joindre une machine à vapeur, et surtout sans
« autorisation , une fonderie de fer au cubilot, établissement
« tout aussi insalubre et rangé dans la même catégorie qu'une
« usine à gaz ;

« Considérant que l'emplacement des Champs-Lamy, choisi
« pour l'édification de l'usine à gaz, est , en raison de la posi-
« tion topographique exceptionnelle de la ville de Morez, plus
« convenable que tout autre, et en quelque sorte le seul qui
« puisse être affecté à cette destination ;

« Considérant enfin, que la construction de cette usine dans
« l'endroit désigné, *où le gaz sera exclusivement extrait du coke*,
« ne saura porter atteinte à aucune propriété, ni nuire au dé-
« veloppement de ce quartier, ni enfin être une cause d'insa-
« lubrité pour les habitants ;

« Par tous ces motifs,

« Le Conseil municipal demande, à l'unanimité des membres
« présents :

« 1° Qu'il soit passé outre sur les réclamations produites ,
« *qui , toutes ensemble , n'ont point de caractère sérieux ;*

« 2° Que MM. Kieffer et Cᵉ soient autorisés , *dans le plus*
« *bref délai possible , attendu qu'il y a urgence* pour eux de
« commencer leurs travaux, à édifier leur usine à gaz dans
« l'emplacement choisi à cet effet, après mûre réflexion , lieudit
« aux Champs-Lamy, et figuré au plan ci-annexé. »

Avant de s'inquiéter de la sincérité et du mérite de cette
délibération, disons d'abord qu'aucun des réclamants ne s'est
opposé à l'établissement de l'usine à gaz, tous ont été unanimes
à en demander la création , mais , dans un lieu qui ne sacrifiât
ni l'intérêt de la ville , ni les conditions hygiéniques de la localité.

Est-il bien vrai que toutes les oppositions soient exagérées ,
imaginaires, inexactes, et ne méritent aucune considération
sérieuse ?

Les considérants de MM. les Conseillers municipaux vont
nous l'apprendre.

Le premier de ces considérants, qui a trait à sept réclamations,
dit, pour en justifier le rejet, « *que toutes ces maisons n'auront*
pas même de vue sur l'usine. » Pour tenir un tel langage, il
faut être affligé d'une myopie peu ordinaire, ou fermer volon-
tairement les yeux ; chose commode quand il faut avancer un
fait inexact !...

Le deuxième considérant annonce le retrait d'une réclamation à laquelle on aurait fait droit, par la raison bien simple que le réclamant étant Conseiller municipal, *assistant à la délibération*, n'a pu recevoir l'affront d'un refus. Elle était donc sérieuse celle-là? Eh! qui sait, il se passe de si étranges choses !

Le troisième considérant s'applique à deux réclamants, dont l'un, membre du Conseil municipal, a eu le regret d'apprendre à son retour d'une courte absence, le sens exclusif de la délibération citée. Les prétentions de ces deux opposants sont *sans fondement, exagérées, inexactes, pour ne rien dire de plus*. Cependant on y trouve formulé les avis judicieux suivants :

Dans la première on lit :

« Tout en désirant l'établissement d'un gazomètre ne don-
« nant, bien entendu, aucune odeur insalubre, je ne puis
« m'empêcher d'émettre les observations suivantes sur l'em-
« placement désigné :

« Le terrain choisi pour la construction du gazomètre fait
« partie de cet espace du sol Morézien, dit les Champs-Lamy,
« seul, unique endroit de toute la ville où il soit possible de
« trouver une largeur suffisante pour la création d'une nouvelle
« rue, d'un nouveau quartier.

« Aujourd'hui, chacun le sait, les habitations doivent offrir,
« comme première condition hygiénique, de l'air et de la lu-
« mière, éléments essentiels, indispensables de la vie. Or, en
« établissant encore dans ce lieu, où, déjà se trouvent, d'une
« manière inconvenante, l'hôpital et l'abattoir, n'est-ce pas
« le moyen de perdre à jamais le centre de Morez et le voisi-
« nage de l'Hôtel-de-Ville?

« S'il doit en être ainsi, quel sera le mérite du quai en voie
« de création?

« N'aura-t-on pas éloigné la population d'un quartier où
« l'hygiène, l'espace et les convenances commandaient de
« l'amener?

« Un embellissement riche, facile à obtenir, n'aura-t-il pas
« disparu pour toujours?

« Je m'adresse donc en toute confiance à l'édilité locale,
« pour obtenir un examen plus approfondi, plus réfléchi des
« inconvénients ultérieurs, afin de désigner un autre point, et
« éviter par là les reproches et les plaintes qui seraient la
« conséquence immédiate d'une détermination prématurée et
« compromettante pour des intérêts d'autant plus sacrés qu'ils
« sont généraux.

« Je signe donc ma protestation, en attendant le moment de
« jouir des bienfaits de l'éclairage au gaz, mais en demandant
« la sauvegarde des intérêts et de l'avenir de la cité. »

De la seconde réclamation nous extrayons les passages qui
suivent :

« Au sujet de l'emplacement choisi pour l'établissement de
« l'usine à gaz, le soussigné, membre du Conseil municipal,
« a l'honneur de faire observer :

« Que cette usine, qui est rangée dans la deuxième classe de
« la catégorie des établissements insalubres, doit, par ce seul
« fait, être placé dans les conditions qui régissent les établis-
« sements de ce genre, c'est-à-dire être éloignée le plus
« possible du centre d'une localité, et surtout des habitations.
« D'un autre côté, il ne serait séparé de l'Hôtel-de-Ville, de la
« halle aux grains, des magasins de vins, des écoles de filles,
« que par la rivière et les quais qui la bordent, soit par une
« distance d'environ cinquante mètres. Il serait, tout au plus,
« à cinquante mètres de la place d'Armes, qui est celle des
« réjouissances publiques dans les jours de fête, des revues,
« etc.; à trente mètres seulement de la promenade et finirait
« par rendre ce quartier tout-à-fait inhabitable. Il ne l'est
« déjà malheureusement que trop par sa proximité avec l'abat-
« toir, cet établissement, dont les émanations rendent la cir-
« culation impossible dans ses abords et jusque sur la route
« impériale n° 5; et, puisque l'occasion se présente, j'en
« profiterai pour dire que cet établissement qui, d'après la loi,
« ne devait être construit qu'en dehors de la ville et loin des
« habitations agglomérées, est tellement monstrueux que l'on
« excuserait sans peine, celui qui avancerait, qu'il a été mis
« là avec l'idée bien arrêtée de détruire le quartier. J'ajouterai
« qu'il y a aussi, sur le derrière de l'Hôtel-de-Ville, trois cou-
« loirs en bois établis depuis peu le long des murs et en saillie
« sur la voie publique. Ces couloirs servent de latrines qui
« répandent en été une odeur insupportable. Je ne relate ce
« fait que pour prouver que les causes d'insalubrité ne man-
« quent déjà pas dans le quartier en question.

« D'un autre côté, pourquoi la commune fait-elle établir à
« grands frais des quais, si elle ne veut les garnir que d'éta-
« blissements du genre de ceux dont il est question plus haut,
« et auxquels il faut ajouter l'hôpital. Dans le principe, les
« quais étaient destinés à recevoir les habitations d'un nouveau
« quartier à Morez; ils devaient servir à la promenade et à
« l'agrément de la ville. Aujourd'hui, la commune vient de

« faire dépenser 30,000 fr. environ pour l'établissement
« d'une partie, et qu'y voit-on? l'hôpital et le projet de
« l'usine à gaz. Je me demande qui serait tenté de diriger sa
« promenade du côté de l'hôpital, et surtout de l'usine en
« question, si elle venait à s'y établir.

« Il n'est donc pas possible, et j'espère que l'enquête le
« prouvera, de laisser organiser dans ce quartier l'installa-
« tion demandée, ce qui, du reste, serait contraire aux usages
« et aux lois en vigueur. J'espère aussi que le Conseil muni-
« cipal, qui ne peut manquer d'être appelé à donner son avis
« dans cette circonstance, partagera cette opinion.

« Maintenant, je crois, qu'au point de vue des intérêts de
« la Compagnie concessionnaire, cet endroit conviendrait par-
« faitement pour l'installation de ses appareils. Placée au
« centre de Morez et travaillant à forfait, elle diminuerait cer-
« tainement ses frais d'établissement, au moyen d'une canali-
« sation plus légère, et, par conséquent, moins coûteuse, et
« cela se comprend facilement. Mais une commune ne doit pas
« et ne peut pas sacrifier aux intérêts particuliers d'une com-
« pagnie l'intérêt général, et c'est cependant ce qui arriverait
« dans le cas particulier. »

Enfin, *le quatrième* considérant attaque, pour la détruire,
une opposition dont tous les motifs sont justifiés aujourd'hui.
L'opposant avait, par expérience, de trop nombreuses et de
trop bonnes raisons, pour ne pas redouter le manque de con-
naissances dans la matière et le peu d'impartialité qui préside-
raient à la décision du Conseil municipal.

Aujourd'hui que l'usine à gaz est à *quarante-deux mètres*
de sa maison et à *vingt-huit mètres* seulement de sa propriété,
n'avait-il pas raison de motiver ainsi sa réclamation?

« Vu l'enquête de *commodo et incommodo*, ouverte à Morez
« les 6 et 7 mai, au sujet de l'établissement d'une usine à gaz,
« sur un terrain contigu à ma propriété.

« Vu la loi et les ordonnances qui classent les usines à gaz
« au nombre des établissements insalubres.

« Je déclare donc formellement m'opposer à l'installation
« de ce gazomètre pour les motifs suivants :

« Avilissement de la valeur de ma propriété ;

« Danger d'explosion de chaudières et cas de feu ;

« Odeur repoussante des produits chimiques, du goudron
« et de substances animales ;

« Exhalaisons de gaz impur ;

« Dégagements de poussière et de fumée qui ne permettront

« pas de mettre sécher au grand air du linge blanc. Cette pous-
« sière et cette fumée seront très-insalubres et auront même
« pour effet d'amoindrir, dans une proportion considérable,
« les produits agricoles de mon terrain.

« Mes intérêts seront lésés au profit d'une compagnie d'usine
« à gaz !

« Tout en désirant l'installation d'une usine à gaz, fonction-
« nant sous les conditions de salubrité que l'on promet, il me
« reste quelques craintes qui m'obligent à faire ma réserve,
« dans le cas où mes réclamations ne seraient pas agréées par
« l'autorité et par la commission de salubrité publique, je de-
« mande la promesse de 15,000 fr., qui me seront payés à
« titre de dommages et intérêts, si cette usine à gaz vient à me
« porter des préjudices quelconques : incommodité ou insalu-
« brité.

« Je désire que la commission de salubrité publique, chargée
« de l'enquête, soit composée d'un ingénieur et de membres
« impartiaux et désintéressés pris en dehors de la localité; je
« désire aussi que notre édilité et ladite commission prête son
« attention sur le peu de cas, que l'on a fait, jusqu'à ce jour, des
« conditions de salubrité, en voyant l'abattoir à environ trente
« mètres de la maison de ville, et les lieux d'aisances qui y
« sont attenants et en saillie sur la voie publique.

« J'espère qu'on n'hésitera pas à s'opposer à l'établissement
« d'une usine à gaz à une si faible distance de la maison de
« ville, et sur la position la plus centrale de la cité. »

Ce sont là, ce nous semble, des raisons majeures solidement
établies, mais quelle pouvait être leur action sur un Conseil municipal qui a le pouvoir de réduire le terrain de cinquante-
quatre mètres à quarante-deux et vingt-huit mètres, et de diriger
les courants d'air atmosphériques. Car, remarquons le bien,
*il ne peut être exposé, l'opposant, à ressentir les émanations
insalubres, si émanations il y a, s'échappant de l'usine à gaz,
qui, par leur nature tendraient à monter et à se développer
dans la direction opposée à sa propriété.* (Sic).

Voilà donc un réclamant menacé d'un voisinage empesté, ou
devant manquer d'air, suivant que le Conseil en décidera !

Deux autres considérants terminent la délibération. L'un,
pour déclarer que l'emplacement choisi est plus convenable que
tout autre ; l'autre, affirmant que « *le gaz sera exclusivement
extrait du coke.* » (Sic). Que dès lors, il n'y aura préjudice ni
pour les propriétés voisines, ni cause nuisible au développement du quartier, ni enfin insalubrité pour les voisins; puis,

arrive la remarquable définition, définition dictée par le mépris,
*que toutes ensemble les réclamations n'ont point de caractère
sérieux;* il y a donc *urgence d'autoriser, dans le plus bref délai,*
les travaux de l'entrepreneur.

Ainsi, MM. les délibérants, *l'emplacement est plus convenable que tout autre,* par la raison qu'il sacrifie un quartier
précieux, unique, compromet les lois de l'hygiène, pour protéger, de la manière la plus évidente, les intérêts privés de la
compagnie de l'usine à gaz; puis, votre science est telle, et
vos décisions si profondes, que vous aurez, pour vous seuls,
sans doute « *du gaz exclusivement extrait du coke !* » Pour la
dignité du corps, un tel prodige ne doit pas rester enfoui dans
vos archives; il a des droits à la postérité et vous aussi. Amen.

CHAPITRE V.

Conclusion.

D'après ce qui vient d'être dit et les preuves à l'appui, on
peut affirmer, sans erreur ni témérité, que toutes les réclamations étaient fondées, sérieuses et réfléchies. Il est vraiment pé-
nible d'avoir à constater la légèreté avec laquelle on les a rejetées; c'était un parti pris d'avance, il faut en convenir.

Ce n'est pas ainsi qu'une administration est sérieuse et se
rend recommandable. En effet, aucun argument de valeur, si ce
n'est le dédain; aucune discussion, si ce n'est le silence sur
les opinions émises dans les protestations ne sont formulés,
en sorte que, dans l'impossibilité de les détruire, on a dû
tourner la position et voter sans raison. Quel embarras n'a-
t-on pas dû éprouver pour trouver les motifs du quatrième
considérant? Car, après avoir commis une grave erreur sur la
distance de la maison de l'opposant à l'usine à gaz, *et prescrit,
aux émanations insalubres, une direction obligatoire et toujours
uniforme,* on a pris le style facétieux, si style il y a, pour faire
des reproches: l'opposant, *en apparence si scrupuleux, n'a pas
craint de joindre* (à sa propriété) *une machine à vapeur, et
surtout, sans autorisation, une fonderie de fer au cubilot,
établissement tout aussi insalubre, etc.*

Et d'abord, est-on bien fondé à parler avec aigreur d'une
machine à vapeur de très-petite force, autorisée depuis longtemps et avant qu'aucune construction ni voie publique ne

fussent établies aux Champs-Lamy? Il y a mauvais goût à parler d'une machine qui, pour être arrivée la première dans la localité, a eu sa grande part de tribulations. N'a-t-il pas fallu, en raison du bon vouloir qu'on avait pour le fabricant et de l'encouragement qu'on lui donnait par des vexations journalières, attendre plusieurs années pour la placer? Un ingénieur spécial, étranger aux influences locales, n'a-t-il pas dû l'essayer et la recevoir? Le présent n'est pas si beau pour réveiller un passé trop laid; cette malheureuse machine à vapeur est donc bien coupable, dès qu'elle entretient si longtemps les rancunes? Qu'on lui fasse son procès et que tout soit dit.

Venons à la fonderie au cubilot.

Le réclamant affirme à l'autorité municipale que si la fonderie eût dû être mise en activité par lui, elle n'eût jamais existée, par la raison bien simple que les vexations de la machine à vapeur se fussent renouvelées avec un entrain et un ensemble incontestables. C'est si vrai que, malgré ses plaintes verbales au commissaire de police, au capitaine des pompiers et une lettre à M. le Maire de la ville, il n'a pu faire réformer la cheminée de la fonderie. Cependant, sur les ordres impérieux de M. le Maire, ordres réitérés aux fondeurs de fonte, après un commencement d'incendie, des réparations tellement insuffisantes eurent lieu que, peu de temps après, ainsi que le premier Magistrat et l'Architecte de la ville en jugèrent par eux-mêmes, un nouveau cas de feu s'était déclaré. Si le réclamant eût été incriminable pour ce fait, il n'eût certes pas manqué de jugement au point de porter des plaintes contre lui-même. Du reste, M. le Maire, et plusieurs membres du Conseil, assistant à la délibération du 9 mai 1866, auraient pu renseigner leurs collègues et leur apprendre que, dès le 1er septembre 1865, il avait résilié son bail avec le fondeur, afin d'éloigner un établissement qui, pour être moins insalubre, n'en est pas moins un mauvais voisin. Quoique classé dans la même catégorie que les usines à gaz, a-t-on vu jamais dans cette fonderie des ouvriers être exposés à des asphyxies momentanées, comme cela est arrivé plusieurs fois dans l'usine à gaz? Il y a mieux, si cette fonderie devait être autorisée et soumise à une enquête de *commodo et incommodo*, pourquoi la favoriser d'un privilège extra-légal? On conviendra que l'autorité a manqué à son devoir; l'opposant qui n'a pas pour habitude de jouir des bonnes grâces de l'administration locale, n'ose pas lui savoir gré de cette insigne faveur; il n'est que propriétaire du local; il n'a ni créé, ni exercé la profession

— 15 —

qui motive les reproches. Par là aurait-on voulu établir un précédant abusif, afin de donner de l'extension au favoritisme? Il serait bon de savoir si M. E. G., adjoint, propriétaire du local actuel de la fonderie en question, s'est mis à l'abri de ces reproches, reproches dont on est si fier, qu'ils ont eu le mérite de désopiler la rate d'une assemblée délibérant gravement sur la question qui nous occupe! Et pour ne rien dire de plus, au lieu de critiquer d'une façon dérisoire une opposition *en apparence si scrupuleuse*, on devait en savoir gré au réclamant, qui, par le fait, indiquait à l'autorité que, dans des questions aussi délicates, on ne saurait être trop scrupuleux. Si on l'a été si peu, c'est que le manque de discernement, aidé du mauvais vouloir et de l'outrecuidance, en avait décidé d'avance.

Et les deux oppositions, rejetées si dédaigneusement par le deuxième considérant, n'étaient-elles pas péremptoires?

Sont-elles exagérées les plaintes qui parlent de sacrifices faits en faveur de l'entrepreneur de l'usine à gaz, au détriment de l'intérêt général, lorsqu'on sait que le représentant de la Compagnie assistait à la séance du 9 mai 1866?

Cette dépense de 30,000 fr., avec un budget obéré, est-elle illusoire? Faut-il engouffrer des capitaux tellement improductifs que le quai, par suite des mauvaises conditions qu'on lui impose avec acharnement, n'offrira ni utilité ni agrément?

Lorsqu'on veut favoriser le développement d'une localité industrielle, on procède d'une toute autre manière; il faut à la population laborieuse un salaire suffisamment rémunérateur, une bonne salubrité publique, de nombreuses fontaines d'eau potable, des logements commodes sans prix excessif de location, l'allégement des charges, et surtout une incessante et forte impulsion *à l'instruction et à la morale, qui en est la conséquence*. Où aboutira l'emploi des moyens contraires? A la ruine et à la démoralisation générales!....

Pour terminer, voici l'arrêté préfectoral qui autorise l'usine projetée. On y verra, jusqu'à la dernière évidence, que M. le Préfet du Jura a singulièrement modifié la décision du Conseil municipal.

« Attendu, y est-il dit, que *l'habitation la plus rapprochée*
« *est à cinquante-quatre mètres* et les autres à plus de cent
« mètres;

« Que, d'ailleurs, l'usine projetée *doit occuper une situation*
« *plus élevée que le faîte des habitations les plus rapprochées*, et
« qu'il y sera fait *exclusivement emploi du coke* pour la pré-
« paration du gaz, circonstance propre à éloigner les émana-
» nations que l'on redoute;

« Que si l'exploitation venait à causer un dommage matériel
« *à des tiers, les droits de ces derniers sont toujours, en pareil*
« *cas, réservés, etc.*

      « ARRÊTE :

« Article 1er. MM. Kieffer et Ce sont autorisés, *les droits des*
« *tiers réservés,* à établir et mettre en activité, dans la ville
« de Morez, une usine à gaz pour l'éclairage de ladite ville, etc.

« Art. 2. *Ils devront,* en outre, *élever à la hauteur de vingt*
« *mètres au moins* les tuyaux ou cheminées dont l'établisse-
« ment est prescrit par l'article 5 de ladite ordonnance, et se
« conformer aux lois, décrets et instructions ministérielles. »

1o Or, la maison Odobey est *à quarante-deux mètres* de l'u-
sine à gaz, au lieu de *cinquante-quatre mètres ;*

2o *Cette usine n'occupe nullement une situation plus élevée*
que le faîte des habitations les plus rapprochées ;

3o *Une certaine quantité de houille est mélangée au coke* pour
la préparation du gaz ;

4o La cheminée n'est pas établie dans les conditions indiquées ; elle est à *quelques mètres seulement* d'élévation au-des-
sus *du faîte des maisons voisines.*

Quand on a transgressé d'une manière aussi radicale l'arrêté préfectoral, peut-on dire que l'établissement est autorisé ?
Evidemment non.

C'est pourquoi on avait raison de dire que le droit des tiers
était intact et qu'il serait revendiqué quand et comment les
intéressés l'entendraient.

Morez, le 1er novembre 1866.

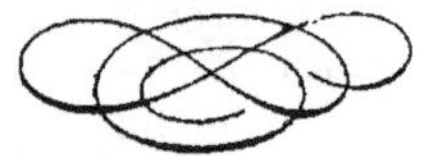

DOLE, IMP. DE PILLOT.